全国高等职业学校电类专业

传感器及应用（第三版）习题册

王倢婷　主　编

中国劳动社会保障出版社

简　　介

本习题册是全国高等职业学校电类专业教材《传感器及应用（第三版）》的配套用书。习题册按照教材章节编排，内容紧扣教材的教学要求，注重基础知识的巩固和基本能力的培养，知识点分布均衡，题型丰富，难易适当，有助于学生复习巩固所学知识。

本习题册由王倢婷任主编，王益任副主编。

图书在版编目（CIP）数据

传感器及应用（第三版）习题册/王倢婷主编. --北京：中国劳动社会保障出版社，2023

全国高等职业学校电类专业

ISBN 978-7-5167-6050-5

Ⅰ.①传…　Ⅱ.①王…　Ⅲ.①传感器-高等职业教育-习题集　Ⅳ.①TP212-44

中国国家版本馆 CIP 数据核字（2023）第 172366 号

中国劳动社会保障出版社出版发行

（北京市惠新东街 1 号　邮政编码：100029）

*

北京鑫海金澳胶印有限公司印刷装订　　新华书店经销

787 毫米×1092 毫米　16 开本　4.75 印张　103 千字

2023 年 9 月第 1 版　　2025 年 3 月第 3 次印刷

定价：10.00 元

营销中心电话：400-606-6496

出版社网址：http://www.class.com.cn

http://jg.class.com.cn

目录

模块一　传感器的基本知识

课题 1　传感器的认识

一、填空题（将正确答案填在横线上）

1. 现代信息产业的三大支柱是____________、通信技术和计算机技术。

2. 传感器是一种测量装置，能感受到被测对象的________________，如温度、压力、流量等。

3. 传感器一般由____________、_____________和____________组成。

4. 传感器是利用各种__________和工作机理来实现测量的。

5. 在自动化设备中，自动化程度越高，系统对________的依赖性越大。

二、判断题（正确的打“√”，错误的打“×”）

1. 电压、电流是物理学中的电学量。（　　）

2. 传感器多用于对非电量的测量，如温度、压力、速度等。（　　）

3. 传感器中一定包含测量电路。（　　）

4. 传感器必须接触被测对象才能进行测量。（　　）

5. 高温传感器因为测量环境温度太高，温度传感器和测量电路是分开的。（　　）

三、名词解释

1. 敏感元件

2. 传感元件

四、简答题

1. 简述传感器的作用。

2. 简述传感器的分类。

3. 简述传感器测量转换电路的作用。

五、综合应用题

1. 举例说明汽车中传感器的类型及其作用。

2. 机器人能看到障碍物，它可能用了什么传感器？

课题 2　传感器的技术指标

一、填空题（将正确答案填在横线上）

1. 一般情况下，测量总会产生误差，误差是测量值与________之间的差值。
2. 表征传感器静态特性的技术指标主要有传感器的灵敏度、分辨力、__________、__________、__________。
3. 分辨力是指传感器能够感受到被测参数____________的能力。
4. 传感器的动态技术指标包括________________和________________。
5. 通常传感器的静态测量精度包含__________、________和__________。

二、判断题（正确的打“√”，错误的打“×”）

1. 误差就是测量中的失误，误差和错误都可以避免。 （ ）
2. 误差是不可避免的，任何仪器、仪表的测量误差都不可能为零。 （ ）
3. 传感器的灵敏度越高，说明其感知被测量的变化越灵敏。 （ ）
4. 当输入量的变化量小于传感器的分辨力时，传感器的输出没有变化。 （ ）
5. 迟滞会导致传感器的分辨力变差。 （ ）

三、名词解释

1. 静态特性

2. 灵敏度

3. 线性度

4. 迟滞

四、简答题

1. 仪表的准确度分为哪几个等级？对应的最大基本相对误差是多少？

2. 选择传感器时，与测量条件有关的因素有哪些？

3. 选择传感器时，与使用环境条件有关的因素有哪些？

五、综合应用题

1. 若要测量一个 10 V 左右的电压，有两块表：①量程 150 V，±1. 5 级；②量程 15 V，±2. 5 级。选哪块合适？为什么？

2. 压力传感器校准数据见表 1-1，传感器的正反行程没有重合，试解释这是一种什么误差，计算该误差，并计算该压力传感器的灵敏度。

表 1-1　压力传感器校准数据

压力/MPa	0	1	2	3	4	5
正行程/V	0. 125	0. 822	1. 480	2. 195	2. 835	3. 510
反行程/V	0. 201	0. 905	1. 550	2. 210	2. 848	3. 510

模块二　温度的测量

课题 1　热敏电阻式温度传感器

一、填空题（将正确答案填在横线上）

1. 从微观来讲，温度表示________________运动的剧烈程度。
2. 华氏温度是 212℉时，摄氏温度是________℃。
3. 热敏电阻的标称电阻 R25 表示热敏电阻在________℃时的电阻值。
4. 绝大多数热敏电阻仅适用于________ ~ ________℃的温度范围。
5. 温度的测量方法分为____________测量和____________测量。

二、判断题（正确的打“√”，错误的打“×”）

1. 从微观来讲，温度表示物质内部分子运动的剧烈程度。温度越高，物质内部分子运动的程度越低。（　　）
2. 热敏电阻温度传感器体积小，使用范围广，不受任何温度限制。（　　）
3. 热敏电阻是利用半导体材料的电阻率随温度变化而变化的性质制成的。（　　）
4. 电阻值随温度升高而降低的热敏电阻，称为正温度系数热敏电阻。（　　）
5. 将热敏电阻元件进行封装后，即可成为温度传感器。（　　）

三、名词解释

1. 温标

2. PTC

3. NTC

四、简答题

1. 简述热敏电阻的特点。

2. 简述使用突变型热敏电阻进行限流保护的原理。

3. 热敏电阻的主要技术指标有哪些？

4. 简述接触式温度测量的方法。

五、综合应用题

1. 简述饮水机温度传感器的选择过程。

2. 在空调的出风口会有一个温控器测量空调出风口的温度，以控制空调的温度。选用哪一种温度敏感元件来制作温控器比较好？为什么？

课题 2　金属热电阻式温度传感器

一、填空题（将正确答案填在横线上）

1. 常用的金属热电阻有________和________。

2. 国内最常用的铂电阻是 Pt100，其含义是在 0 ℃时，铂电阻阻值为________Ω。

3. 国内最常用的铜电阻是 Cu50，其含义是在 0 ℃时，铜电阻阻值为________Ω。

4. 温度传感器安装在管道或容器中时，为了保证管道或容器的密封性，传感器安装完成后，要进行____________。

5. 在测试时，铂电阻的测试电流如果过大，会使铂电阻元件产生________，导致温度升高。

二、判断题（正确的打“√”，错误的打“×”）

1. 一般情况下，铂电阻的阻值与温度的关系可以通过查热电阻的分度表来确定。（　　）

2. 金属热电阻测量转换电路采用三线制是为了提高测量灵敏度。（　　）

3. 铂电阻的测量温度范围较大，一般适用于-200～850 ℃的温度范围。（　　）

4. 铜电阻容易氧化，测量温度范围较小，一般适用于-50～150 ℃的温度范围。（　　）

三、名词解释

1. 金属热电阻

2. 铠装金属热电阻式温度传感器

四、简答题

1. 常用的金属热电阻的主要特点是什么？

2. 在金属热电阻测量电路中，为什么要采用三线制？

3. 简述金属热电阻式温度传感器的基本安装要求。

4. 简述热电阻式温度传感器的校验方法。

五、综合应用题

已知铜电阻 Cu50 在 0~150 ℃范围内可近似表示为 $R_t = R_0(1 + \alpha t)$，温度系数 α 约为 4.28×10^{-3}/℃。求：

（1）当温度为 120 ℃时的电阻值。

（2）上网查 Cu50 分度表，记录 Cu50 在 120 ℃时的电阻值。

（3）计算两种方法的误差。

课题 3　热电偶式温度传感器

一、填空题（将正确答案填在横线上）

1. 热电偶的工作原理建立在导体的__________上。

2. 在热电偶测温回路中，热电动势的大小只与热电偶的___________和______________有关，与热电偶的_________无关。

3. 在热电偶测温回路中，一般称被测环境端为________或________，称室内测量检测端为________或________。

4. 在使用热电偶式温度传感器时，要根据传感器输出的电压值来推算相应的温度值，因此，在购买热电偶式温度传感器时，通常要求厂家提供相应的_________。

5. 热电偶式温度传感器具有自发电能力，在使用时不需要外接________。

二、判断题（正确的打“√”，错误的打“×”）

1. 若热电偶两电极的材料相同，则总输出热电动势为零。（　　）

2. 若热电偶 $T=T_0$，则总输出热电动势只与两电极的材料有关。（　　）

3. 若热电偶两电极的材料相同，则总输出热电动势与两结点温度差成正比。（　　）

4. 热电偶式温度传感器使用补偿导线时必须与相应型号的热电偶配用，不能互换。（　　）

5. 在热电偶测温回路中，经常使用补偿导线的最主要的目的是进行温度补偿。（　　）

三、名词解释

1. 热电偶

2. 热电偶分度表

3. 热电效应

4. 中间温度定则

四、简答题

1. 简述热电偶的工作原理。

2. 当热电偶冷端需要延长时，应采取什么方法？在实施时应注意什么？

3. 简述热电偶温度传感器的特点。

4. 简述热电偶冷端补偿的方法。

五、综合应用题

1. 当工作端温度为 100 ℃、冷端温度为 0 ℃时，镍铬合金与纯铂组成热电偶的热电动势 $E_{AC}(t, 0\ ℃)=2.95\ mV$，而铜与纯铂组成热电偶的热电动势 $E_{BC}(t, 0\ ℃)=-4.0\ mV$。求：

（1）镍铬与铜组成热电偶的热电动势 $E_{AB}(t, 0\ ℃)$ 为多少？

（2）上述计算应用了热电偶的哪个定则？

（3）在镍铬-铜热电偶中，哪一种金属为正极？哪一种金属为负极？

2. 用镍铬-镍硅（K 型）热电偶测温度。已知环境温度为 20 ℃，用高精度数字三用表测得 K 型热电偶输出的热电动势为 22. 571 mV，求被测点温度。

课题 4　红外温度传感器

一、填空题（将正确答案填在横线上）

1. 物体的温度越高，红外辐射的能量越强。通过对物体＿＿＿＿＿＿＿＿的探测，可以准确地测出它的＿＿＿＿＿＿。

2. 红外温度传感器一般由＿＿＿＿＿＿＿、＿＿＿＿＿＿＿＿＿、＿＿＿＿＿＿＿＿及＿＿＿＿＿＿＿＿等组成。

3. 红外探测器的种类很多，按照探测原理不同，主要分为＿＿＿＿＿＿＿＿＿和＿＿＿＿＿＿＿＿＿两大类。

4. 光电效应可分为＿＿＿＿＿＿＿＿、＿＿＿＿＿＿＿＿和＿＿＿＿＿＿＿＿＿＿。

5. 红外温度传感器的温度测量范围为＿＿＿＿~＿＿＿＿℃。

二、判断题（正确的打“√”，错误的打“×”）

1. 每种型号的红外温度传感器都有自己特定的温度测量范围，正确选择红外温度传感器，可以提高测量精度，降低测量成本。（　　）

2. 红外温度传感器最突出的优点是非接触式测量，对被测物体不会产生影响。（　　）

3. 在任何场合下，红外温度传感器的响应时间都是越小越好。（　　）

4. 红外温度传感器应用广泛，安装时不必考虑安装高度，可以在任何环境下使用。（　　）

三、名词解释

1. 红外辐射

2. 光电效应

3. 内光电效应

4. 光生伏特效应

四、简答题

1. 简述热探测器的工作原理。

2. 简述光子探测器的工作原理。

3. 简述红外温度传感器的特点。

4. 简述红外温度传感器在使用时的注意事项。

五、综合应用题

为什么光敏二极管在测量电路中必须反接?

模块三　力的测量

课题 1　电阻应变式力传感器

一、填空题（将正确答案填在横线上）

1. 应变片是利用______________，将应变片贴在被测物体上，物体受到外力产生应变，通过测量应变片的____________，实现力的测量。

2. 电阻应变式力传感器的使用方法有两种，第一种是将应变片__________________；第二种是将应变片___________________。

3. 电阻应变式力传感器的应变电阻变化是__________的，通常采用______________进行测量。

4. 电阻应变式力传感器为了获得较大的灵敏度，减小温度误差，通常采用_______________接入惠斯通电桥电路。

5. 将应变片接成全桥电路时，要特别注意，相邻桥臂的应变片所感受到的________必须是相反的，否则输出灵敏度将降低或为零。

二、判断题（正确的打“√”，错误的打“×”）

1. 一般金属应变片的电阻变化率与应变呈线性关系，即应变片的阻值变化与应变成正比。（　）

2. 将应变片接成全桥电路时，四块应变片可以任意接入惠斯通电桥电路。（　）

3. 应变片的粘贴是应变式力传感器测量的关键环节之一，将直接影响测量的精度。（　）

4. 应变片的应变分为两种，拉伸为正应变，压缩为负应变。（　）

5. 圆柱形拉力传感器在粘贴应变片时，四块应变片可以任意粘贴。（　）

三、名词解释

1. 电阻应变效应

2. 单臂半桥电路

3. 双臂半桥电路

4. 全桥电桥电路

四、简答题

1. 简述电阻应变式力传感器的工作原理。

2. 一般采用什么方法测量应变片的电阻变化？写出各种测量电路输出电压与电阻相对变化的表达式。

3. 简述应变片的粘贴方法。

4. 电阻应变式力传感器的测量电路为什么要采用半桥或全桥式电路结构？

五、综合应用题

1. 有一吊车的拉力传感器如图 3-1 所示。其中电阻应变片 R1～R4 贴在等截面轴上。已知 R1～R4 的标称阻值均为 120 Ω，桥路电压为±2 V，重物 M(50 kg) 引起各电阻的变化量为 1.2 Ω。求：

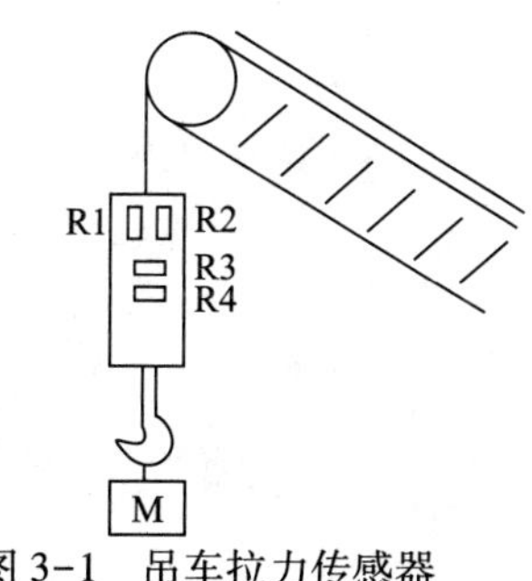

图 3-1　吊车拉力传感器

（1）四块应变片怎样组成电桥时，传感器的灵敏度最大？画出电桥电路。

（2）计算传感器输出灵敏度和重物 M 引起的输出电压。

2. 图 3-2 所示为一直流应变电桥，$E=4\ \mathrm{V}$，$R_1=R_2=R_3=R_4=350\ \Omega$，求：

（1）R1 为应变片（$\Delta R_1=5\ \Omega$），其余为外接电阻时的输出电压。

（2）R1、R2 为应变片，感受应变极性、大小相同，其余为外接电阻时的输出电压。

（3）R1、R2 为应变片，感受应变极性相反，$\Delta R=5\ \Omega$ 时的输出电压。

（4）R1、R2、R3、R4 都是应变片，对臂同性，邻臂异性，$\Delta R=5\ \Omega$ 时的输出电压。

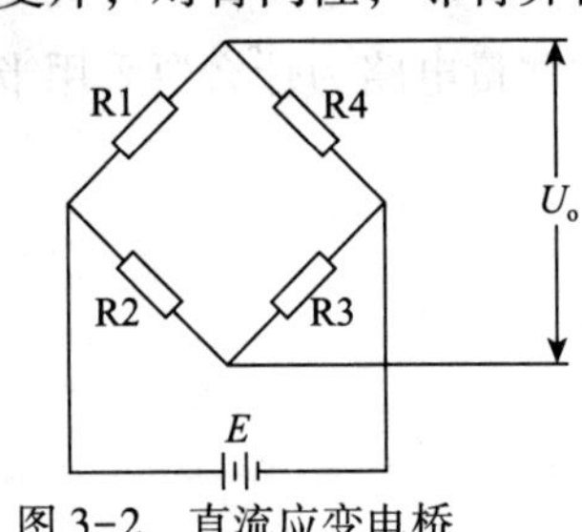

图 3-2　直流应变电桥

课题 2　称重传感器

一、填空题（将正确答案填在横线上）

1. 电阻应变式称重传感器由__________、__________和________组成，其弹性元件是应变梁。

2. 弹性元件的结构多种多样，根据被测量物体的大小及受力方式的不同，选择不同结构的弹性元件，常见的有____________、________________、____________、轮辐式等。

3. 称重传感器的精度包括传感器的________、________、________、灵敏度等技术指标。

4. 电子秤中称重传感器数量的选择根据________________和____________________来确定。

5. 电子秤中称重传感器的量程根据____________________、____________________、____________________和____________________等因素来确定。

二、判断题（正确的打“√”，错误的打“×”）

1. 称重传感器类型的选择主要取决于称量范围，如柱环式称重传感器适用于大、中量程，悬臂梁式称重传感器适用于小量程。（　　）

2. 在选用称重传感器时，其精度等级越高越好。（　　）

3. 将称重传感器安装在测量系统中时，如果使用单个称重传感器，则应使物体的受力方向或物体重心通过称重传感器的中心线，以防止测量中产生侧向分力，影响测量精度。（　　）

4. 电子秤中的称重传感器在安装时一般采用螺栓固定，安装牢固、无松动。（　　）

5. 变送器除了具有放大、阻抗匹配、线性补偿、温度补偿等基本功能，还具有标准信号外调零、外调增益功能，以适应不同电桥、不同量程的传感器需要。（　　）

三、选择题

1. 电子秤中，一般情况下使用（　　）应变片。

A. 金属丝式　　B. 金属箔式

C. 电阻应变式　　D. 固态压阻式

2. 应变测量中，希望灵敏度高、线性好、有温度自补偿功能，应选择（　　）测量转换电路。

A. 单臂半桥　　B. 双臂半桥

C. 四臂全桥　　D. 交流电桥

3. 某化学实验室制作一台电子秤，量程为 0~1 000 g，（　　）称重传感器最适用。

A. 环式　　B. 悬臂梁式

C. 柱式　　D. 轮辐式

4. 一台 30 t 的电子汽车衡，最大量程是 30 t，秤体自重约为 1.9 t，采用 4 只传感器，根据实际情况，可选取保险系数 $K_0 = 1.25$，冲击系数 $K_1 = 1.18$，重心偏移系数 $K_2 = 1.03$，风压系数 $K_3 = 1.02$，应选择量程为（　　）的称重传感器。

A. 10 t　　B. 15 t

C. 20 t　　D. 25 t

四、简答题

1. 简述电子秤的工作原理。

2. 电子秤主要由哪些部件组成？

3. 简述柱式、柱环式、悬臂梁式、环式和轮辐式称重传感器的特点及适用量程。

4. 简述称重传感器的选择方法。

五、综合应用题

某收费站需设计一台 50 t 电子汽车衡（最大量程是 50 t），秤体自重约为 2.5 t，现有量程为 15 t 的称重传感器 n 只，根据实际情况，可选取保险系数 $K_0=1.25$，冲击系数$K_1=1.2$，重心偏移系数 $K_2=1.05$，风压系数 $K_3=1.02$，需要采用几只这样的传感器？

课题 3　应变式压力传感器

一、填空题（将正确答案填在横线上）

1. 压强的国际计量单位是__________，它表示 1 N 的力垂直而均匀地作用在 1 m^2 面积上的压力。

2. 测量压力的传感器分为三大类，即____________________、____________________和____________________。

3. 如果某一容器内液体的绝对压力小于外界环境大气压，可以认为是__________。

4. 应变式压力传感器的金属膜片上粘贴有四块应变片，两个（R2、R3）贴在正的最大区域，两个（R1、R4）贴在负的最大区域，四块应变片组成____________________，既可以提高应变式压力传感器的灵敏度，又能起到____________的作用。

5. 如果 p_1 为 0.9~1.0 MPa，p_2 为 0.9~1.0 MPa，差压传感器的最小量程选为____~____MPa。

二、判断题（正确的打“√”，错误的打“×”）

1. 一般普通压力表的指示值都是相对压力。（ ）
2. 使用差压传感器测量压力时，P1、P2 两侧压力接口的压力阀门可以先后打开。（ ）
3. 绝对压力与相对压力的换算关系：绝对压力=相对压力+大气压力。（ ）
4. 压力传感器安装时的关键环节是要正确选择取压口。（ ）
5. 对于大量程压力传感器，校验设备主要是砝码压力计。（ ）

三、名词解释

1. 绝对压力

2. 相对压力

四、简答题

1. 简述薄膜式应变压力传感器的工作原理。

2. 压力传感器应怎样与被测压力容器密封连接？

3. 压力传感器安装的关键环节是什么？

4. 根据测量对象不同，应怎样选择压力传感器的量程？

课题 4　压阻式压力传感器

一、填空题（将正确答案填在横线上）

1. 压阻式压力传感器是基于__________制成的。

2. 压阻式压力传感器的测量电路是由___________、___________和__________组成的。

3. 压阻式压力传感器的灵敏度高，一般适用于________的测量。

4. 压阻式压力传感器的突出缺点是__________、__________和__________。

5. 在使用压阻式压力传感器时，关键要注意压力传感器的______和预防压力传感器的______问题。

二、判断题（正确的打“√”，错误的打“×”）

1. 压阻式压力传感器的测量原理与金属膜片应变式压力传感器的测量原理基本相同，只是使用材料与工艺不同。（ ）

2. 为了减小温度误差，压阻式压力传感器多采用恒压源供电。（ ）

3. 压阻式压力传感器如果供电电流过大，敏感元件的电阻会产生自热，传感器输出不稳定。（ ）

4. 压阻式压力传感器常用于气体压力测量和小量程压力测量，密封问题无关紧要。（ ）

5. 在选择使用压阻式压力传感器时，一定要与卖家确认使用温度范围，以及是否有温度补偿。（ ）

三、名词解释

1. 压阻效应

2. 工作压力范围

3. 过压压力范围

4. 爆裂压力范围

四、简答题

1. 简述压阻式压力传感器的工作原理。

2. 简述压阻式压力传感器的特点。

3. 画出压阻式压力传感器测量气压时的连接电路和气路。

课题5　压力变送器

一、填空题（将正确答案填在横线上）

1. 压力变送器由____________、________________、壳体及各种连接件组成。

2. 压力变送器输出标准的电流信号一般为______~______mA，电压信号一般为______~______V。

3. 电容式传感器可分为__________电容传感器、_________电容传感器和变介电常数式电容传感器三种类型。

4. 工业生产现场仪表采用两线制接线时，其中一根线接________________________，另一根线接直流电源的负极（或电源地线），测量电流信号的________表串联在电路中。

5. 在工业生产的现场测量中，远距离传输信号后要将电流信号转换成电压信号，采用的方法是在电路中串联一个__________。

二、判断题（正确的打"√"，错误的打"×"）

1. 在工业生产中，压力变送器外壳密封结实，抗破坏能力强，可以作为标准件使用，常被称为现场仪表。（　　）

2. 由于电流信号不易受干扰，不会因为远距离传输损耗信号，便于远距离传输，所以在工业生产及控制中，传感器信号多采用电流输出。（　　）

3. 电容式压力变送器仅能用于测量压力参数。（　　）

4. 变面积式电容传感器仅能用于测量位移参数。（　　）

5. 惠斯通电桥电路常用于电容式压力测量电路。（　　）

三、名词解释

1. 两线制

2. 变间隙式电容传感器

四、简答题

1. 简述使用电容式差压变送器测量液位的方法。

2. 举例说明使用变面积式电容传感器测量位移的工作原理。

五、综合应用题

有一台两线制压力变送器，量程为 0~1 MPa，对应的输出电流为 4~20 mA。求：

（1）压力 p 与输出电流 I 的关系表达式。

（2）计算当 p 为 0.5 MPa、0.8 MPa、1 MPa 时，压力变送器的输出电流。

（3）如果希望在信号的传输终端将电流信号转换成 1~5 V 的电压信号，应选择多少欧姆的取样电阻？

（4）如果测得的电流为 6 mA，则此时的压力为多少？

模块四　位移的测量

课题 1　电位器式位移传感器

一、填空题（将正确答案填在横线上）

1. 从被测量的角度来看，位移的测量可分为________测量和________测量。

2. 从参数特性的角度来看，位移的测量可分为____________测量和______________测量。

3. 位移测量的核心是根据测量要求的________和________来选择位移传感器。

4. 线绕电位器式位移传感器线绕的匝数越多，传感器输出的____________越高。

5. 非线绕式电位器主要有____________、________________和____________。

二、判断题（正确的打“√”，错误的打“×”）

1. 电位器式位移传感器除测量角位移和线位移外，还可以测量压力等与位移相关的物理量。（　）

2. 电位器式位移传感器结构简单，成本低，使用寿命长，动态性能好。（　）

3. 线绕电位器式位移传感器量程越大，传感器的外观长度越长。（　）

4. 线绕电位器式位移传感器的输出特性是连续变化的。（　）

5. 电位器式位移传感器输出电压较大，一般可以直接输送给控制或采集系统。（　）

三、选择题

1. 电位器式位移传感器属于（　）传感器。

A. 电阻式　　B. 电容式

C. 压阻式　　D. 电感式

2. 电位器式位移传感器可以测量（　）。

A. 温度　　B. 压力

C. 流量　　D. 图像

3. 电位器式位移传感器的输出信号一般是（　　）信号。

A. 频率　　B. 脉冲

C. 电压　　D. 电流

4. 电位器式位移传感器的输出信号一般是（　　）信号。

A. 连续　　B. 开关

C. 正弦　　D. 阶梯

四、简答题

1. 常用的位移传感器有哪些？如何分类？

2. 简述电位器式位移传感器的特点和适用场合。

3. 电位器式位移传感器的电压分辨率是什么？与什么因素有关？

4. 举例说明电位器式位移传感器除测量位移外，还有哪些典型应用。

课题 2 电感式位移传感器

一、填空题（将正确答案填在横线上）

1. 高精度、小量程位移的测量可以选用________位移传感器。

2. 差动变压器式位移传感器属于________式位移传感器。

3. 一般差动变压器式位移传感器的线性范围为线圈骨架长度的______ ~ ______。

4. 电位器式位移传感器是接触测量，电涡流式位移传感器是________测量。

5. 相敏检波电路的主要作用是________________________________和减小零点残余电压。

二、判断题（正确的打“√”，错误的打“×”）

1. 电涡流式位移传感器探头的外壳一般是塑料的。（　）

2. 自感式或差动变压器式位移传感器采用相敏检波电路最重要的目的是提高灵敏度。（　）

3. 电涡流式位移传感器可以检测出塑料零件的靠近程度。（　）

4. 差动变压器式位移传感器随着铁芯的上下移动，输出电压不断变化，被测物体与铁芯相接，同步运动，因此必须接触测量位移。（　）

5. 电涡流式位移传感器可以检测金属材料的内部缺陷。（　）

三、名词解释

1. 电涡流效应

2. 相敏检波

3. 零点残余电压

四、简答题

1. 简述电涡流式位移传感器的工作过程。

2. 差动变压器式位移传感器采用相敏检波电路的目的是什么？

3. 简述使用差动变压器式位移传感器测量位移的工作原理。

4. 简述差动变压器式位移传感器的特点。

五、综合应用题

1. 为什么电涡流式位移传感器外壳不能用金属导磁材料？

2. 电涡流式位移传感器是基于什么物理效应工作的？举例说明其在生产或生活中的应用。

课题 3　光栅式位移传感器

一、填空题（将正确答案填在横线上）

1. 光栅是利用光的透射、衍射物理现象工作的____________________。

2. 光栅式位移传感器主要用于测量数控机床的高精度________。

3. 光栅直线位移传感器也叫____________，是由________、____________、可移动电缆组成的。

4. 将栅距相同的两块光栅以一定的夹角重叠在一起，形成明暗相间的条纹，称为__________。

5. 数控机床配置光栅尺是为了提高坐标轴的定位精度，在选择光栅尺时要选择光栅尺的精度，光栅尺的精度等级通常有______________________（写出两个即可）。

二、判断题（正确的打“√”，错误的打“×”）

1. 光栅式位移传感器主要用于测量数控机床的旋转速度。（　）

2. 莫尔条纹具有位移放大和平均光栅误差的作用。（　）

3. 利用莫尔条纹的运动方向和位移，可以判别光栅的移动方向和大小，从而测量出位移的方向和大小。（　）

4. 莫尔条纹中，两光栅的夹角越小，位移的放大效果越明显。（　）

三、选择题

1. 光栅式位移传感器的核心敏感元件是光电检测元件，利用的是（　）。

A. 压阻效应　　B. 光电效应

C. 电涡流效应　　D. 热电偶效应

2. 在数控机床中，要控制刀头的直线运动，应选择（　）位移传感器。

A. 电位器式　　B. 电容式

C. 光栅式　　D. 电感式

3. 光栅尺的量程一定要（　）工作行程。

A. 大于　　B. 小于

C. 等于　　D. 都可以

4. 在选择光栅尺时，首先要考虑光栅尺的（　　）。

A. 精度　　　　B. 分辨力

C. 线性度　　　　D. 重复性

四、简答题

1. 简述光栅式位移传感器的工作过程。

2. 光栅尺的选择主要需要考虑哪几个方面？

五、综合应用题

测量 400 mm 位移量，要求精度为±5 μm，应选择哪种传感器？仿照教材知识应用中的内容进行选型，并说明理由。

课题4 霍尔式位移传感器

一、填空题（将正确答案填在横线上）

1. 霍尔传感器可以进行________和_________的测量，是基于_________进行工作的。

2. 测量角位移可以选择________________、变面积式电容传感器、_______________________等多种传感器。

3. ______________U_H 可以表示为 $U_H=K_H I\cos\theta$。

4. 霍尔效应中 θ 是指______________与__________________的夹角。

5. 霍尔集成电路是将___________、___________、______________集成在一个芯片上，具有体积小、灵敏度高、温度误差小等优点。

二、判断题（正确的打“√”，错误的打“×”）

1. 霍尔传感器必须在磁场中工作。（　）

2. 霍尔元件采用恒流源激励，是为了提高传感器的灵敏度。（　）

3. 霍尔传感器可以实现非接触式位移测量。（　）

4. 霍尔传感器在测量位移时，一般将磁铁固定在移动的被测物体上，将霍尔传感器固定在不动的测量端。（　）

5. 霍尔传感器用于测量微小位移，是因为在小位移范围内，霍尔传感器输入与输出呈线性关系。（　）

三、名词解释

1. 角位移传感器

2. 霍尔效应

3. 霍尔元件

4. 霍尔电动势

四、简答题

1. 霍尔电动势与哪些因素有关?

2. 霍尔传感器可以测量哪些参数?

3. 简述霍尔式位移传感器的工作过程。

4. 霍尔式接近开关是怎样检测被测物体靠近程度的?

五、综合应用题

用霍尔元件设计一个窗户开关防盗报警器。

课题 5　接近开关

一、填空题（将正确答案填在横线上）

1. 接近开关又称__________________，是一种非接触式的检测装置，当物体接近设定距离时，可发出“开”“关”动作信号。

2. 光电开关是由__________、__________和____________三部分组成的。

3. 按照接收器接收光的方式不同，光电开关分为__________、__________、__________。

4. 用电容式接近开关检测金属被测物时，灵敏度________；检测非金属被测物时，灵敏度________。

5. 在选择接近开关时，若被测物体运动较快，要特别注意接近开关的____________等性能参数。

二、判断题（正确的打“√”，错误的打“×”）

1. 接近开关不仅用于行程控制、限位保护，还用于计数、测量转速、测量物位等。（　　）

2. 接近开关一般会设定滞差，其目的是提高抗干扰能力，减少误动作。（　　）

3. 电容式接近开关的核心是以单个极板作为检测端的电容器。（　　）

4. 许多非接触式位移传感器可以用作接近开关，如电容式位移传感器、电涡流式位移传感器等。（　　）

5. 被测物体的厚度对接近开关的检测距离影响不大。（　　）

三、名词解释

1. 检测距离

2. 工作距离

3. 回差值

四、简答题

1. 简述接近开关的主要特点。

2. 简述接近开关的主要技术指标。

3. 简述电容式接近开关的工作原理。

4. 影响接近开关检测距离的因素有哪些？

五、综合应用题

某塑料玩具厂要设计一条自动生产流水线。其中一金属零件由传送带传送，当金属零件移动到安装机器正下方时，传送带停止，自动安装。为了提高生产效率，需要安装两个接近开关：一个减速接近开关，一个停止接近开关。试问：应采购什么类型的接近开关？为什么？简要说明接近开关的工作过程。

课题6　液位传感器

一、填空题（将正确答案填在横线上）

1. 液位传感器是一种特殊的______________，被测介质是各种性质不同的液体。在选用液位传感器时，必须考虑被测介质的________和________，如液体的黏稠度、浑浊度、杂质含量等。

2. 在实际工程中，常用的液位传感器主要有________液位传感器、____________液位传感器、__________液位传感器、________液位传感器和________液位传感器。

3. 磁致伸缩式液位传感器主要由________、____________和________三部分组成。

4. ______________液位传感器不能测量液面有气泡和有悬浮物的液体的液位，不适用于有泡沫、粉尘、蒸汽等吸波环境。

5. 液位传感器的安装方式一般可以选择________安装、________安装和________安装三种，还有的液位传感器外形类似电缆，可以直接投入液体中。

二、判断题（正确的打"√"，错误的打"×"）

1. 当干簧管接近磁场时，两片磁簧片接触，磁簧片吸合，电路导通；当磁场消失后，磁簧片依然吸合。（　　）

2. 静压式液位传感器要求精度高时，压力传感器最好选用硅压阻式压力传感器。（　　）

3. 磁致伸缩式液位传感器的探测杆应是非磁性材料制成的，被测介质周边环境如果有磁场干扰，会影响液位的测量精度。（　　）

4. 电容式液位传感器可以用于两种介质界面的测量。两种介质的介电常数差值越大，电容式液位传感器的灵敏度越高。（　　）

5. 电容式液位传感器受结构尺寸及被测介质介电常数的限制，电容量通常不大，液位变化引起的电容量变化值更小，往往只有几个皮法到几百皮法。（　　）

三、简答题

1. 简述干簧管的结构与工作过程。

2. 简述磁致伸缩式液位传感器的工作原理。

3. 简述静压式液位传感器的工作原理。

4. 简述同轴电容式液位传感器的工作原理。

四、综合应用题

图 4-1 所示为干簧管浮球式液位传感器电路，求：

（1）当 K2 闭合时 R_X 的值，并画出等效电路图。

（2）当 K4 闭合时 R_X 的值，并画出等效电路图。

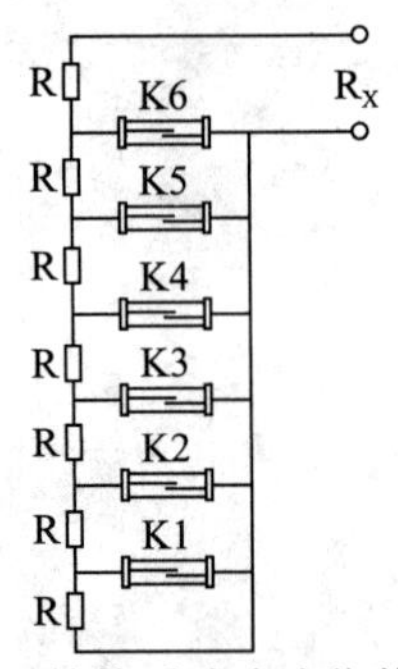

图 4-1　干簧管浮球式液位传感器电路

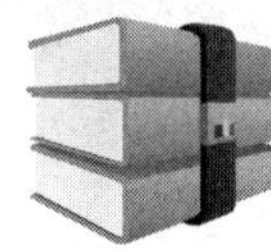

模块五　振动的测量

课题1　压电式振动传感器

一、填空题（将正确答案填在横线上）

1. 衡量物体振动强度大小通常有三个测量值：________________、________________和________________。

2. 振动有三个重要的可测量参数，即振动的三要素：______________、______________、____________。

3. 振动传感器的技术指标包括_________技术指标和_________技术指标。

4. 振动传感器的静态技术指标包括量程、_________、_________、_________、稳定性等。

5. 振动传感器的动态技术指标可以从___________和___________两个方面来考虑，主要是__________和__________。

二、判断题（正确的打“√”，错误的打“×”）

1. 描述振动物理性质的最常用基本参量是振动加速度。（　　）
2. 振动传感器与加速度传感器是两种不同的传感器。（　　）
3. 压电式振动传感器适用于动态参数的测量，也适用于静态参数的测量。（　　）
4. 压电式振动传感器是利用压电陶瓷的压电效应制成的。（　　）
5. 压电效应具有自发电能力，压电式振动传感器的敏感元件工作时不需要外接电源。（　　）

三、名词解释

1. 振动传感器

2. 压电效应

3. 电荷放大器

4. 横向灵敏度

四、简答题

1. 简述压电式振动传感器的工作原理。

2. 为什么说压电式振动传感器只适用于动态测量而不能用于静态测量？

3. 电荷放大器和电压放大器用在振动测量电路中的区别是什么？对于压电式加速度传感器，用哪一种放大器效果更好？

4. 压电式振动传感器测量电路的作用是什么？其核心是解决什么问题？

五、综合应用题

燃气灶的电子打火器是用很多片压电陶瓷片制成的，试分析其工作原理。

课题 2　微硅加速度传感器

一、填空题（将正确答案填在横线上）

1. 常用的微硅加速度传感器主要有__________、__________、隧道式、共振式、热对流式等几种类型。

2. 电容式微硅加速度传感器是一种基于___________的加速度传感器，用半导体微细加工的方法在单晶硅上制作三个多晶硅层，组成两个_______________。

3. 振动传感器使用一段时间后灵敏度和零点输出会有一些变化，要定期进行校准，常用的校准方法有___________和___________。

4. 压阻式加速度传感器的弹性元件一般采用________和________的结构形式。质量块由悬臂梁支撑，在悬臂梁上制作___________，连接成惠斯通电桥。

5. 压阻式加速度传感器体积小，价格低廉，可重复生产性好，但对温度的漂移较大，对安装和其他应力也较敏感，它不适合_______________的测量。

二、判断题（正确的打“√”，错误的打“×”）

1. 微硅加速度传感器是一种重要的力学量传感器。（　　）

2. 微硅加速度传感器是集成在单片集成电路上的加速度测量系统。（　　）

3. 压阻式微硅加速度传感器的工作原理是基于压阻效应的。（　　）

4. 用精度等级较高的传感器和被测振动传感器背靠背地安装在振动台上，承受相同的振动，用标准传感器测得振动台的振动值，这种校准方法称为绝对法。（　　）

5. 在安装振动传感器时，振动传感器与被测物体之间可以加一个橡胶垫。（　　）

三、名词解释

1. MEMS

2. 压阻式微硅加速度传感器

3. 加速度传感器绝对校准法

4. 加速度传感器相对校准法

四、简答题

1. 简述电容式微硅加速度传感器的工作原理。

2. 微硅加速度传感器的应用领域有哪些？举例说明。

3. 使用加速度传感器时有哪些注意事项？

4. 振动传感器的安装方式有哪几种？使用最多的是哪种方式？

课题 3　冲击传感器

一、填空题（将正确答案填在横线上）

1. 物体自由落体坠落至地面是日常生活中最常见的________。__________会给设备带来一定的损伤和破坏，缩短电子和机电系统的使用寿命。

2. 压电式冲击加速度传感器按其测量方法，可分为________结构和________结构。

3. 压电式冲击传感器的内部结构按照敏感材料晶体片感受振动的方式及其安装形式，可分为__________、__________和__________。

4. 常用的冲击加速度传感器有________________________、____________________、______________________。

5. 电子式冲击开关是由____________、____________、____________和__________组成的。

二、判断题（正确的打“√”，错误的打“×”）

1. 冲击是具有明确起点和终点的非周期过程，具有确定的脉冲持续时间。（　　）

2. 一般的振动传感器都可以用作冲击传感器。（　　）

3. 建筑工地打夯、汽车运行中的制动、武器发射时的反冲、炮弹在地面上的爆炸和锤打木桩、吊物跌落等，这些都是冲击现象。（　　）

4. 冲击并不完全是坏事，在许多工艺技术领域，人们利用冲击进行工作，如铆接结构、高速锤锻、建筑打夯等。（　　）

5. 冲击试验属于破坏性试验，一般选取规定数量的产品进行抽检，经过冲击试验的电子产品不能作为正规产品出厂。（　　）

三、名词解释

1. 冲击

2. 剪切型压电冲击传感器

四、简答题

1. 为什么说冲击实质上是一种特殊的振动现象？

2. 压电式冲击传感器测量系统有哪两种方式？

3. 内置电路式冲击传感器有哪些特点与优势？

4. 压电式振动传感器和压电式冲击传感器有哪些相同点和不同点？

五、综合应用题

生活中充满了各种各样的电子产品，这些电子产品通过多种运输渠道进入家庭。厂家的成品出厂前，为了检测抗摔和抗冲击能力，要按照一定数量的比例抽检产品进行冲击试验。试设计冲击试验测量系统，画出冲击试验测量原理框图，并说明试验过程。

模块六　流量的测量

课题1　涡轮流量计

一、填空题（将正确答案填在横线上）

1. 测量流量用的传感器称为流量传感器（或称流量计）。流量按计量方式的不同，可分为______________、______________和______________。

2. 在测量气体流量时，由于体积计量受到______、______、压缩因子等诸多方面的影响，逐渐开始用质量流量计直接测量流量。

3. 在国际单位制中，体积流量的单位为__________；质量流量的单位为__________。在工程中常用的流量单位有体积流量：___________________、升/时（L/h）；质量流量：____________、____________。

4. 流量计按测量原理分为__________、__________、__________和__________四大类。

5. 涡轮流量计是通过测量放置在流体中的涡轮的______________，利用流体流速与________的近似线性关系而工作的。

二、判断题（正确的打“√”，错误的打“×”）

1. 自来水公司到用户家中抄表，得到的是累积流量，单位是kg。（　　）

2. 国内外在进行天然气计量贸易结算时，为了真正反映天然气的品质和真实价值，常使用体积流量计测量天然气流量。（　　）

3. 涡轮流量计属于速度式流量计。（　　）

4. 使用涡轮流量计测量时，必须接入被测管道，因此会造成一定的阻力，使流体压力减小。（　　）

5. 使用涡轮流量计测量时，传感器口径要与传感器连接的前后管道的内径一致，管道中心和传感器中心一致。（　　）

三、名词解释

1. 流量

2. 累计流量

四、简答题

1. 简述涡轮流量计的工作原理。

2. 涡轮流量计通常用在什么场合？对测量介质（流体）和工作性质有什么要求？

3. 简述流量测量仪表的选型和使用方法。

4. 简述涡轮流量计的安装要求。

课题 2　超声波流量计

一、填空题（将正确答案填在横线上）

1. 超声波流量计的发射探头采用适当的发射电路，利用压电元件的__________，把电能加到压电元件上，使其产生__________，__________以某一角度射入流体中传播。

2. 超声波流量计的接收探头是利用__________，将接收到的__________转变为电能，通过检测电路实现信号检测。

3. 超声波在流动的流体中传播时，通过发射和接收穿过流体的超声波__________，可以检测出流体的__________，从而换算成流量。

4. 超声波流量计由__________、__________及流量显示系统三部分组成。

5. 超声波流量计由于是非接触式测量，因此对流体不产生______和______，在大口径管道计量中得到广泛应用。

二、判断题（正确的打“√”，错误的打“×”）

1. 超声波流量计是非接触式测量，不破坏流体的流场，没有压力损失，并且可以解决其他类型流量计难以测量的强腐蚀性、非导电性、放射性流体的流量测量问题。（　　）

2. 时差式超声波流量计测出流体速度，进而得出流体体积，属于体积流量计。（　　）

3. 超声波流量计可以检测金属材料的内部缺陷。（　　）

4. 选用相同的传感器测量时，如果测量方法不同，测量精度也会有所区别。（　　）

5. 用音乐芯片和压电陶瓷片可以做成贺卡，因为压电陶瓷片可以产生机械振动，即

声波。 （ ）

三、名词解释

1. 超声波

2. 逆压电效应

3. 换能器

4. 时差式超声波流量计

四、简答题

1. 超声波流量计主要有哪些类型？各类超声波流量计主要用于哪些场合？

2. 安装超声波流量计的换能器时，应考虑哪些问题？

3. 超声波流量计在实际应用中，需要注意哪些问题？

4. 时差式超声波流量计与频率差式超声波流量计有哪些异同？

五、综合应用题

超声波传感器可以检测金属材料的内部缺陷，而电涡流式位移传感器只能检测金属材料的表面缺陷，为什么？

课题 3　差压式流量计

一、填空题（将正确答案填在横线上）

1. 差压式流量计是使用__________传感器测量压力差来测量流量的。

2. 差压式流量计的____________前后压差的大小与流量有关。

3. 差压式流量计因为结构中包含节流装置，致使它的最大弱点是________________。

4. 传统的差压式流量计由_____________、_____________、压力计和温度计等部分组成。

二、判断题（正确的打“√”，错误的打“×”）

1. 孔板式差压流量计不适合在流速较慢、含沙土杂质较多的场合使用。（　　）

2. 经典文丘里管流量计因为节流装置内壁光滑、流畅，适合含沙土杂质较多的场合使用。（　　）

3. 安装于管道中的差压式流量计，其结构中的节流件造成其前后两端有压力差，液体流速越大，压力差越小，进而测得流量。（　　）

4. 孔板式差压流量计中的标准型检测元件得到国际标准化组织和国际法制计量组织的认可，无须校准即可投用。（　　）

5. 差压式流量计用于测量封闭管道中单相稳定流体（液体、气体、蒸汽）的体积流量或质量流量。（　　）

三、名词解释

1. 节流装置

2. 文丘里管流量计

3. 标准孔板差压式流量计

四、简答题

1. 简述差压式流量计的工作原理。

2. 按照结构形式，差压式流量计应如何分类？其中最常用的有哪几种类型？

3. 差压式流量计在选型过程中需要考虑哪些因素？

4. 简述差压式流量计的组成及使用注意事项。

五、综合应用题

为什么孔板式差压流量计不适合流速较慢、含沙土杂质较多的场合使用?

课题 4 电磁流量计

一、填空题（将正确答案填在横线上）

1. 电磁流量计是根据______________制成的一种测量导电性液体的仪表，即导体在磁场中切割磁力线运动时，在其两端会产生感应电动势的规律。

2. 电磁流量计由___________和__________两大部分组成。

3. 电磁流量计所测得的是___________，受流体密度、黏度、温度、压力和电导率（只要保证在某阈值之上）变化的影响不显著。

4. 电磁流量计在安装时应避免附近有____________、____________等，以免引起电磁干扰。

5. 电磁流量计不能测量____________的液体，如石油制品和有机溶剂等；不能测量气体、蒸汽和含有较多较大气泡的液体。

二、判断题（正确的打“√”，错误的打“×”）

1. 电磁流量计的被测流体必须是导电性液体或浆液。（ ）

2. 电磁流量计的被测流体内不能含有较多的铁磁性物质或气泡。（ ）

3. 电磁流量计可以用于较低流速流体的流量。（ ）

4. 电磁流量计不能测量气体、蒸汽以及纯净水的流量。（ ）

5. 流量测量属于动态测量，各种流量计的测量精度都不是很高，在选择流量计时，还需要考虑工程现场的安装条件、环境条件和经济性等因素。（ ）

三、名词解释

法拉第电磁感应定律

四、简答题

1. 简述电磁流量计的工作原理。

2. 电磁流量计可应用于哪些场合？

3. 供水测量中，对电磁流量计的安装位置有哪些要求？

4. 为什么电磁流量计不能测量气体、蒸汽和含有较多大气泡液体的流量？

模块七　图像检测

课题 1　固态图像传感器

一、填空题（将正确答案填在横线上）

1. 图像检测的基础是______________。

2. 图像传感器是利用____，将元器件感光面上感受到的光线图像转换成具有一定比例关系的电信号，并做相应处理后输出的功能器件。

3. 一般在半导体硅片上制有几百、上千个相互独立的____________，它们按线阵或面阵有规则地排列。

4. CCD 和 CMOS 使用相同的____________，受光后产生电子的原理相同，具有相同的灵敏度和光谱特性，但是__________________不同。

二、判断题（正确的打“√”，错误的打“×”）

1. 图像传感器不属于图像检测系统的一部分。（　　）

2. CMOS 图像传感器能在同一个芯片上集成各种信号和图像处理模块，如运放器、A/D 转换器、彩色处理和数据压缩电路、标准 TV 和计算机 I/O 接口等，形成单片数字成像系统。（　　）

3. 光电传感器包含一个光传感元件，而视觉传感器具有从一整幅图像捕获光线的数以千计像素的能力。（　　）

4. CCD 图像传感器的像素大小为 μm 级，可感测及识别精细物体，提高影像品质。（　　）

5. CMOS 图像传感器只需单一电压供电，静态功耗几乎为零，其功耗仅相当于 CCD 图像传感器功耗的 1/8，有利于延长便携式、机载或星载电子设备的使用时间。（　　）

三、名词解释

MOS 电容

四、简答题

1. 为什么说光电效应是图像检测的基础？

2. 固态图像传感器的基本功能是什么？常用固态图像传感器有哪些类型？

3. 图像传感器中的像素指的是什么？

4. 简述 CCD 图像传感器的特点。

五、综合应用题

对于常用的 30 万像素的拍照手机，应该选择哪种图像传感器？为什么？

课题 2　光纤传感器

一、填空题（将正确答案填在横线上）

1. 光纤呈圆柱形，它由____________和____________两个同心圆柱的双层结构组成。

2. 光纤传感器由___________、___________、___________、信号处理系统以及光纤构成，由光发送器发出的光源经光纤引导至敏感元件。

3. 根据光纤在传感器中的作用，光纤传感器分为_________、___________和_________三大类。

4. 功能型光纤传感器的光纤不仅起_________作用，还利用光纤在外界因素（弯曲、相变）的作用下，其光学特性的变化来实现___________________的功能。

5. 国内生产的工业内窥镜大体有三种：________________、光导纤维内窥镜+专用接口+数码照相机、________________。

二、判断题（正确的打“√”，错误的打“×”）

1. 非功能型光纤传感器的光纤仅起导光作用，只“传”不“感”，对外界信息的“感觉”功能依靠其他物理性质的功能元件完成。（ ）

2. 拾光型光纤传感器用光纤作为探头，接收由被测对象辐射的光或被其反射、散射的光。（ ）

3. 光纤在外界环境因素（如温度、压力、电场、磁场等）改变时，其传光特性（如相位与光强）会发生变化。（ ）

三、简答题

1. 简述光纤的用途。

2. 简述光纤传感器的工作原理。

3. 简述功能型光纤传感器、非功能型光纤传感器和拾光型光纤传感器的区别。

模块八　现代测量技术

一、填空题（将正确答案填在横线上）

1. 智能传感器主要由四部分构成：电源、__________、______________和__________。

2. 智能传感器与传统的传感器相比，最突出的特点是__________、__________、阵列化、微小型化和微系统化。

3. 现场数据总线包括三部分：____________、____________、发送单元和接收单元之间的传送控制线。

4. 现场总线把____，以现场总线为纽带，连接成可以相互沟通信息、共同完成自控任务的网络通信系统与控制系统。

5. 不同类型的现场总线在产品功能、产品性能和产品价格上有很大区别，各有自己的适用范围，但_____________________是一样的，都是以能够实现双向串行数字化通信为基本依据。

二、判断题（正确的打“√”，错误的打“×”）

1. 智能传感器必须具备通信功能，不具备通信功能的传感器，就不能称为智能传感器。（　　）

2. 总线协议是现场总线类型的核心，普通传感器是现场总线的基础。（　　）

3. 现场总线是一种生产现场中各测量设备之间的通信方式，信息传输的范围已远远超出传统的 DC 4~20 mA 信号的限制，具有高度的灵活性和适用性。（　　）

4. 总线协议技术可应用于不同的领域，但在各自领域中是完全独立的系统。（　　）

5. 在不同的应用领域可以用不同的总线协议，即不同的总线类型。在每个应用领域都有一种最为适用的总线协议。（　　）

三、名词解释

1. 智能传感器

2. 现场总线

3. 总线协议

4. 网络传感器

四、简答题

1. 智能传感器应具备哪些功能？

2. 智能传感器一般适用于哪些场所？

3. 网络传感器的主要功能是什么？